AF461665

RÈGLEMENT DU BALIVAGE

DANS

UNE FORÊT PARTICULIÈRE

EXPLOITÉE

EN TAILLIS SOUS FUTAIE

(C)

Nancy, imp. de veuve Raybois.

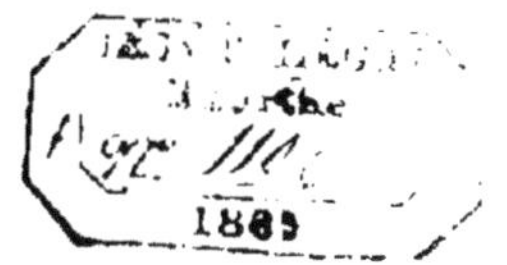

RÈGLEMENT DU BALIVAGE

DANS UNE

FORÊT PARTICULIÈRE

EXPLOITÉE

EN TAILLIS SOUS FUTAIE,

PAR

A. D'ARBOIS DE JUBAINVILLE

GARDE GÉNÉRAL DE 1re CLASSE,

Ancien élève de l'Ecole impériale forestière,

Correspondant de la Société centrale d'Agriculture de Nancy.

PARIS

LIBRAIRIE AGRICOLE DE LA MAISON RUSTIQUE

26, Rue Jacob, 26

1865

INTRODUCTION

Quelques forestiers étrangers nous ayant consulté sur le règlement du balivage des taillis sous futaie appartenant aux particuliers, et nous ayant demandé de leur exposer sur un exemple la théorie de cette opération, nous avons pensé qu'il était de la courtoisie d'un forestier français de répondre à leur appel en descendant sur l'arène, pour attaquer les difficultés du règlement du balivage, essayer de les vaincre et de les enchaîner dans une méthode où ils ne puissent plus arrêter les travaux de l'aménagiste.

Mais, avant de nous engager dans cette entreprise, cherchons quelque auteur pour nous guider à travers les obscurités du taillis sous futaie. Beaucoup ont étudié le problème que nous abordons, mais la plupart n'ont qu'embrouillé le nœud gordien sans le trancher. Le plus souvent, partant d'observations incomplètes et d'hypothèses arbitraires, ils sont arrivés à des résultats, à des méthodes tout à fait chimériques. C'est ainsi que, sur cette question, les Réaumur, Buffon, Duhamel, Varennes de Fenille et Noirot-Bonnet, ont élaboré des doctrines que nous devons reléguer comme des fantômes, dans la caverne où Bacon classa une partie des erreurs du genre humain. D'autres, tels que de Perthuis, de Froidour, Tellès d'Acosta et Dralet, ont, sur le balivage des taillis, avancé des opinions plus justes mais qui ne donnent pas la solution de notre problème. Dans leur *Cours de sylviculture,* MM. Lorentz et Parade ont donné d'excellents principes, mais pas de méthode pour tracer le plan de balivage convenant à une forêt particulière. Réservée aux aménagistes, cette question n'a pas été résolue par M. de Salomon qui l'écarta de son *Traité sur l'Aménagement,* comme devant être fatale à l'intérêt public, ni par M. Tassy qui, dans ses remarquables *Études,* a paru la regarder comme insoluble. Enfin, et pour la première fois, elle a été traitée avec succès par notre ancien maître, M. Nanquette, dans son *Cours d'Aménagement,* ouvrage dont nous conseillons la lecture aux particuliers qui aménagent les réserves de leurs taillis.

CHAPITRE PREMIER

Expérience préliminaire sur le balivage

Lorsqu'on veut régler le balivage d'une forêt, il nous paraît indispensable d'étudier les résultats produits par des balivages différents, soit sur cette forêt, soit sur des forêts semblables et de la même localité. Dans une petite brochure intitulée : *Recherches sur les taillis sous futaie*, nous avons déjà insisté sur la nécessité de ces études et sur la manière de les exécuter, aussi ne nous étendrons-nous pas ici à cet égard.

Pour plus de clarté, raisonnons sur un exemple, sur la forêt d'Épiez. Elle est située dans notre cantonnement de Vaucouleurs, sur un plateau ayant une altitude de 400 mètres, appartenant à l'étage moyen du système oolitique et où le sol végétal formé d'argile marneuse divisée par des pierres calcaires, profond seulement de 40 centimètres et assis sur des bancs de calcaire presque impénétrables aux racines, est assez sec et médiocrement fertile. Cette forêt est exploitée en taillis sous futaie à la révolution de 25 ans. Le taillis s'y compose en volume de $\frac{8}{10}$ charme, $\frac{1}{10}$ hêtre et $\frac{1}{10}$ chêne, tremble, saules, épines et coudrier. Le hêtre, le chêne et le charme y forment la futaie. En outre le bétail n'y va pas au parcours et, très-rare, le gibier n'y cause aucun dommage apparent.

Lors des martelages, nous y avons observé que la coupe de l'exercice 1861 était surmontée d'une réserve extrêmement abondante, tandis que la coupe voisine, celle de l'exercice 1862, était moins riche en futaie. Ces coupes contenaient, la première 4 h. 92 a., et la seconde 4 h. 70 a. La fertilité du sol et le peuplement du taillis y étaient identiques. Profitant de ces circonstances favorables, nous avons étudié là le balivage. Dans chaque coupe, lors de l'exploitation, nous avons mesuré le couvert de la futaie, cubé cette futaie et déterminé son accroissement depuis 25 ans, fait débiter à part le taillis livré à l'exploitation, dénombré ses produits et déterminé son volume, puis cubé le taillis réservé comme baliveaux. Des données ainsi obtenues nous avons déduit ce qui suit.

Nombre et âge des arbres de futaie à l'hectare, lors de l'exploitation.

AGE.	CHÊNES.	HÊTRES.	CHARMES.
Coupe la plus riche en futaie.			
50 ans	16	22	22
75	7	18	21
100	7	17	8
125	5	2	2
150	5	1	
175	3		
200	2		
225	1		
Coupe la moins riche en futaie.			
50	9	14	19
75	4	12	2
100	4	11	
125	4	2	
150	3		
175	2		

Couvert par hectare.

DES CHÊNES.	DES HÊTRES.	DES CHARMES.	TOTAL.
Coupe la plus riche en futaie.			
m. q. 1800	m. q. 2200	m. q. 1000	m. q. 5000
Coupe la moins riche en futaie.			
1200	1700	200	3100

Accroissement annuel moyen par hectare.

DE LA FUTAIE.			De toute la futaie.	Du taillis.	TOTAL.
Chêne.	Hêtre.	Charme.			
Coupe la plus riche en futaie.					
m. c. 0 71	m. c. 2 09	m. c. 0 25	m. c. 3 05	m. c. 1 50	m. c. 4 55
Coupe la moins riche en futaie.					
0 39	1 36	0 06	1 81	2 78	4 59

CHAPITRE DEUXIÈME

Préjudice que la futaie porte au taillis

§ 1er.

PRÉJUDICE MATÉRIEL.

En examinant le tableau ci-dessus, on observe que l'accroissement total est presque entièrement indépendant de la proportion de futaie élevée avec le taillis, et qu'ainsi l'accroissement de la futaie et celui du taillis seraient complémentaires entre eux. Mais, après avoir formulé cette loi, nous devons ajouter que nous ne la regardons pas comme absolue et générale. Nous pouvons même avancer qu'elle est modifiée par la nature de la futaie et par celle du taillis. Ainsi, dans cette localité, où lè hêtre est l'arbre de futaie le mieux approprié au sol et qui, par conséquent, y végète le mieux; où le chêne, une fois sorti de l'âge de baliveau, ne trouve plus, pour développer ses racines, une profondeur de terre suffisante, et croit beaucoup plus lentement que le hêtre; où, par tempérament, le charme, au début de l'âge de baliveau, rivalise de végétation avec le hêtre et le chêne, mais bientôt leur devient très-inférieur à cet égard; et où, dans les parties fraiches, lesquelles sont rares, le tremble végète fort rapidement en taillis, mais périt sous le couvert croissant de la futaie; l'accroissement total des taillis composés paraît être augmenté un peu par l'abondance de la futaie hêtre, diminué un peu par l'abondance de la futaie chêne, diminué un peu par l'abondance de la futaie charme sortie de la catégorie de baliveau, et diminué toujours un peu par l'abondance de la futaie lorsque le tremble domine dans le taillis. Cette opinion semble, en grande partie, être justifiée par les résultats des expériences suivantes qui, bien que faites dans un but différent, donnent néanmoins des indications sinon toutes probantes au moins toutes utiles pour notre sujet.

A la forêt de Commercy, sur une partie offrant de l'analogie avec la forêt d'Épiez, nous avons constaté, dans un taillis âgé de 33 ans et couvert sur les 0,77 de sa surface par une futaie principalement en hêtre, que l'accroissement annuel moyen total à l'hectare, pendant les 33 dernières années, avait été de.................. 5mc.42
à savoir, pour la futaie.................. 3 61
et pour le taillis...................... 1 81
tandis que, dans un taillis semblable, mais où la futaie moins riche en hêtre ne couvrait que les 0,35 du taillis, l'accroissement annuel moyen total à l'hectare n'avait été que de............ 5mc.06
à savoir, pour la futaie.................. 1 54
et pour le taillis...................... 3 52
Ainsi à l'extension de la futaie hêtre sur le taillis correspond une augmentation dans l'accroissement total du taillis composé. Les détails de cette ex-

périence sont relatés dans la brochure citée plus haut.

Dans la forêt de l'Essart, une partie végétant au milieu de conditions semblables, mais sur un terrain plus superficiel, plus sec et beaucoup moins fertile, nous a donné, avec un taillis âgé de 7 ans et surmonté d'une futaie abondante composée en volume de $\frac{7}{10}$ hêtre, et $\frac{3}{10}$ chêne, un accroissement annuel moyen total à l'hectare de....... $4^{mc}\cdot 02$
à savoir, pour la futaie................. 2 37
pour le taillis......................... 1 65
et avec un taillis âgé de 33 ans, comparable d'ailleurs au précédent, mais où la futaie se composait en volume de $\frac{4}{10}$ hêtre et $\frac{6}{10}$ chêne, un accroissement annuel moyen total à l'hectare de.. $3^{mc}\cdot 92$
à savoir, pour la futaie................. 1 80
et pour le taillis....................... 2 12
Ainsi à l'extension de la futaie chêne sur le taillis semble correspondre une diminution dans l'accroissement total.

Dans la forêt de Vaucouleurs, sur un canton analogue, où seulement, plus superficiel, le sol était encore plus ingrat; où le taillis était formé principalement de charmes, et la futaie, de chênes peu abondants; nous avons reconnu que l'accroissement annuel moyen total à l'hectare était pour une révolution de 30 ans............... $3^{mc.}18$ et pour une révolution de 45 ans....... 3 22. On voit donc que de 30 à 45 ans, le charme, essence dominante du peuplement, parait soutenir son accroissement, malgré la stérilité du sol où il végète. Nous avons donné les détails de cette expérience dans les *Annales forestières*, au n° de février-mars 1862.

Dans la forêt de l'Essart, sur une partie un peu meilleure que celle mentionnée plus haut, mais où le charme forme la moitie du taillis et où la futaie médiocrement abondante se compose de hêtres et de chênes, nous avons calculé que l'accroissement annuel moyen total est à l'hectare :

Quand le taillis atteint l'âge de 33 ans, $4^{mc.}59$
et quand le taillis atteint l'âge de 56 ans, 4 74.

Ici les indications sur l'accroissement du charme sont moins évidentes, parce que cette essence forme une partie moindre du peuplement. Ajoutons que, dans le taillis de 56 ans, des éclaircies avaient été pratiquées et que nous avons tenu compte de leurs produits.

A la forêt de Montigny, dans un canton analogue à la forêt d'Épiez, mais où le sol était frais et plus fertile, où le taillis se composait surtout de charmes et de trembles et était âgé de 31 ans, nous avons observé que, sur une partie où la futaie couvrait les.............. 0,62 du taillis,

à savoir, la futaie chêne les.... 0,24

la futaie hêtre les.... 0,34

et la futaie charme les.. 0,04

l'accroissement annuel moyen total à l'hectare était de................................ 5mc·66

à savoir pour la futaie.................. 3 60

et pour le taillis........................ 2 06

tandis que sur une partie où la futaie couvrait les......................... 0,27 du taillis,

à savoir, la futaie chêne les.... 0,02

la futaie hêtre les..... 0,23

et la futaie charme les. . 0,02

l'accroissement annuel moyen total à l'hectare s'élevait à.......... .... $6^{mc.}05$

à savoir, pour la futaie à........... .... 1 70

et pour le taillis à........................ 4 35.

Dans la partie la moins dominée par la futaie, l'augmentation de l'accroissement total semblait résulter de ce que, peu couvert, le tremble n'y avait pas succombé comme dans l'autre partie; et de ce que le chêne, lequel végète beaucoup plus lentement que le hêtre, y occupait une place beaucoup plus petite dans la futaie.

Dans la forêt d'Épiez, sur une tache où le sol était un peu frais et meilleur que sur le reste de cette forêt, où le taillis contenait quelques trembles et était âgé de 25 ans, une partie, où la futaie composée de chênes et de hêtres occupant des emplacements égaux couvrait les 0,45 du taillis, nous a donné un accroissement annuel moyen total à l'hectare de........................... $4^{mc.}78$

à savoir, pour la futaie................ 2 86

et pour le taillis.......................... 1 92

tandis qu'une partie, où la futaie composée de

chênes et de quelques jeunes charmes couvrait les 0,14 du taillis, nous a donné un accroissement annuel moyen total à l'hectare de....... 4^{mc}·95
à savoir, pour la futaie.................. 0 55
et pour le taillis........................ 4 40.
La légère augmentation d'accroissement obtenue dans ce dernier cas paraît provenir de ce que le tremble aurait mieux végété loin du couvert; et de ce que l'élévation de l'accroissement total, produite par la moindre extension du chêne dans la futaie, aurait dépassé la diminution résultant de l'absence du hêtre.

En attendant que des expériences directes aient mesuré l'influence que chaque essence de futaie, surmontant un taillis, exerce sur l'accroissement total, et permettent d'atteindre une plus grande approximation, nous pouvons, en nous éloignant peu de la vérité, conclure des observations précitées, que l'accroissement du taillis dominé par la futaie diminue approximativement de l'accroissement pris par cette futaie pendant un nombre d'années égal à l'âge du taillis.

§ 2.

PRÉJUDICE PÉCUNIAIRE.

Du préjudice matériel passons au préjudice pécuniaire que le taillis éprouve de la futaie qui le surmonte. Ce dernier préjudice résulte, d'une part, de la diminution matérielle du taillis qui végète plus lentement, et, d'une autre, de la dépréciation de ce taillis qui, ayant crû dominé, a de moindres dimensions et alors vaut moins par mètre cube.

La diminution matérielle du taillis est facile à connaître, puisqu'elle équivaut, à peu près, à l'accroissement de la futaie pendant la dernière révolution. Pour avoir la valeur de cette diminution, il suffira d'appliquer à son volume le prix du mètre cube de taillis.

Quant à la seconde partie du préjudice pécuniaire, nous avons cherché à l'apprécier de la manière suivante. Dans la forêt d'Épicz, lors de l'exploitation des coupes de 1861 et 1862 dont nous avons déjà entretenu nos lecteurs, nous avons constaté que dans la coupe dont la futaie couvrait les 0,31, le mètre cube de taillis valait 5f·40, tandis qu'il ne valait que 5 francs dans la coupe dont la futaie couvrait la moitié. N'ayant pas eu le loisir d'étendre davantage nos expériences sur cette question, nous avons été réduit à estimer un peu conjecturalement que, si le taillis avait crû débarrassé de la futaie, il aurait valu 5f·67 le mètre cube.

Appliquons et résumons nos idées. Nous avons vu que dans la coupe la plus riche en futaie, l'accroissement annuel moyen total à l'hectare est de 4mc·55 dont 3mc·05 pour la futaie et 1mc·50 pour le taillis. Alors, en moyenne annuelle, l'hectare de taillis reçoit de la futaie un préjudice matériel de 3mc·05 qui est accompagné d'un préjudice pécuniaire de

$$3{,}05 \times 5 \text{ f. } 67 + 1{,}50 \times 0 \text{ f. } 67 = 18 \text{ f. } 30$$

ou soit de 3,05 × 6 f., ce qui donne encore 18 f. 30.

Par suite, pour simplifier les calculs que nous ferons plus loin, nous pourrons, en nous éloignant peu de la vérité, admettre que, dans la forêt d'Épiez, les arbres de futaie couvrant la moitié du taillis portent à celui-ci un préjudice pécuniaire égal au chiffre de leur accroissement pendant la dernière révolution exprimé en mètres cubes et multiplié par 6 francs.

Dans son Cours d'aménagement, M. Nanquette insiste sur la nécessité de connaître le dommage que la futaie cause au taillis, mais ne donne en réalité aucune méthode pour évaluer ce dommage; aussi, est-ce pour essayer de combler cette lacune, que nous avons apporté à cette question tout le développement qu'elle comportait au cas particulier.

CHAPITRE TROISIÈME

Limite supérieure à assigner au couvert de la futaie

Si, judicieusement réservée, la futaie augmente ordinairement la rente des taillis composés, elle doit attirer notre sollicitude maintenant surtout que le taillis est menacé par la dépréciation croissante de la charbonnette. Nous sommes alors conduit à chercher dans quelle proportion maximum nous pouvons élever de la futaie sur le taillis.

Trop abondante, la futaie peut, d'un côté, convertir le taillis en un sous-bois rabougri et dépourvu des brins nécessaires pour donner des baliveaux, et, d'un autre côté, détruire partiellement le taillis de manière à y laisser des vides lorsqu'elle sera exploitée. Dans la forêt d'Épiez, nous avons examiné sous ce double point de vue, la coupe où, à la veille de l'exploitation, la futaie couvrait la moitié du taillis. Nous avons reconnu que cette futaie, riche en vieux arbres à couvert écrasant, avait comprimé le taillis dans son essor, au point qu'on eut de la difficulté à y trouver assez de brins capables d'être réservés comme baliveaux. Mais la grande extension de la futaie n'avait produit aucun vide permanent dans le taillis. Non broutée par le bétail qu'on n'y conduit jamais et très-peu par le gibier qui y est fort rare, la partie du sous-bois et des semis qui, sous le couvert étiolant de la futaie, n'avait pu devenir défensable, n'était pas détruite par la dent des animaux, et, après l'enlèvement des arbres qui la dominaient, elle a repris une végétation vigoureuse sous l'influence du recépage et de l'insolation. Comparant ces observations à celles que nous avions recueillies sur des places d'essai analogues, mais où la futaie ne se composait que de jeunes arbres, nous sommes arrivé à conclure que, dans la forêt d'Épiez, la limite maximum du couvert d'une futaie jeune et mélangée peut, à la veille de l'exploitation, être fixée à la moitié du parterre des coupes.

Dans nos *Recherches sur les taillis sous futaie,* nous avions déjà émis une semblable opinion pour toutes les forêts de notre cantonnement. Toutefois, c'est avec la plus grande réserve, que nous répétons encore ici une telle appréciation, car jusqu'à présent tous les forestiers de l'un et de l'autre côté du Rhin ont admis que, toutes les circonstances étant les plus favorables à l'éducation de la futaie, le couvert de cette futaie, à la veille de l'exploitation, ne devait pas s'étendre sur plus du tiers des coupes. Ils ont même admis qu'alors la futaie ne pouvait entrer pour plus d'un tiers dans le rendement total d'un taillis composé. Ils ont raison sans doute pour certaines forêts, peut-être même pour la plupart; mais nous pensons qu'ils ont eu tort de trop généraliser leurs doctrines et que la limite maximum du couvert ne peut être déterminée que par des expériences spéciales pour chaque localité.

Dans un chapitre où M. Nanquette donne un exemple intéressant, de l'aménagement des taillis composés, il adopte pour le couvert la limite fixée par ses devanciers. Nous regrettons qu'il ne nous ait pas dit pourquoi, ou, pour mieux dire, nous regrettons que, habile à manier les questions forestières, il n'ait pas attaqué le problème du couvert, et n'en ait donné une solution qui, pour lui être personnelle, n'en aurait eu que plus d'autorité. Assurément, nous y aurions eu plus de confiance que dans les résultats de vieilles expériences ordinairement très-mal faites.

En passant, nous ne pouvons nous empêcher d'émettre le vœu, que, au lieu de soumettre à des écritures improductives la gestion des forêts, on la féconde par des expériences nouvelles qui, dérobant à la végétation forestière ses secrets, permettent de les exploiter.

CHAPITRE QUATRIÈME

Age des arbres de futaie à réserver sur le taillis

§ 1er.

EXPÉRIENCES.

Pour déterminer l'âge des réserves à conserver dans la forêt d'Épiez, où nous comptons élever une futaie qui s'étende jusque sur la moitié des coupes, nous y avons d'abord étudié quels seraient, dans cette hypothèse, le couvert, le volume et la valeur des arbres de divers âges et de diverses essences. Les résultats trouvés à cet égard sont consignés au tableau ci-dessous.

Essence.	Age.	Couvert.	Volume.	Valeur.
			m. c.	f. c.
Hêtre.	25 ans.	»	0,015	0,10
id.	50	20 m. q.	0,33	2,86
id.	75	41	1,02	9,47
id.	100	61	2,22	21,47
Charme.	25	»	0,024	0,18
id.	50	7	0,09	0,83
id.	75	17,5	0,24	2,47
id.	100	32	0,51	5,30
Chêne.	25	»	0,03	0,25
id.	50	10	0,18	1,90
id.	75	24	0,52	7,02
id.	100	32,5	0,97	16,33
id.	125	48	1,60	34,22
id.	150	67	2,30	65,10

§ 2.

HÊTRE.

Baliveau. — Si l'on réserve un baliveau de hêtre âgé de 25 ans et qui vaut 10 centimes, on aura, 25 plus tard, un moderne qui vaudra 2f·86. A cette échéance, on gagnera donc 2f·86 — 0f·10, soit .... 2f·76.

Mais en outre, à cette même échéance, on aura perdu, d'une part, les intérêts composés de 10 centimes pendant 25 ans, et, d'une autre part, la plus-value que le taillis donnerait, s'il eût végété débarrassé du couvert de ce hêtre.

Pour calculer les intérêts composés des 10 centimes, valeur du baliveau immobilisée dans la propriété forestière, il faut d'abord connaître le taux des placements en fonds de bois dans la localité. Supérieur au taux de placement en terres arables, le taux cherché peut ici être évalué à 3 $\frac{1}{2}$ pour 100. Alors, par la formule ordinaire, on calculera les intérêts composés de 10 centimes, ce qui donnera $0^{f}\cdot10 \times (1 + 0{,}035)^{25} - 0^{f}\cdot10$, soit....... $0^{f}\cdot14$. Au lieu d'effectuer ainsi le calcul des intérêts composés, il serait plus commode d'avoir recours au tarif n° 1 de l'ouvrage publié par M. Nanquette sur l'exploitation, le débit et l'estimation des bois. Ce tarif donne les accroissements de 1 franc placé à intérêts composés pendant un nombre d'années et à un taux d'intérêt déterminé. Consultant ce tarif, nous y voyons que, à 3 $\frac{1}{2}$ p. 100, 1 franc grossi de ses intérêts composés pendant 25 ans devient $2^{f}\cdot363$. Défalquant 1 franc de cette somme, nous avons, pour les intérêts composés de

1 franc, $2^{f}\cdot363$ — 1^{f}, soit $1^{f}\cdot363$. Par suite, les intérêts composés de $0^{f}\cdot10$ sont de $1^{f}\cdot363 \times 0,10$, soit de .... $0^{f}\cdot14$.

Passons à la plus-value que le taillis acquerrait, si le baliveau n'était pas réservé. Cette plus-value équivaut au préjudice pécuniaire que ce baliveau portera au taillis en le dominant pendant 25 ans. Or, nous avons vu que ce préjudice peut être approximativement déterminé, en multipliant 6 fr. par le chiffre de l'accroissement en mètre cube que prendra le baliveau pour passer à l'état de moderne. Le volume d'un hêtre étant, à 25 ans, $0^{mc}\cdot015$, et, à 50 ans, $0^{mc}\cdot33$, l'accroissement du baliveau, pendant la seconde révolution qu'il parcourra, sera de $0^{mc}\cdot33$ — $0^{mc}\cdot015$, soit de $0^{mc}\cdot315$, chiffre par lequel multipliant 6 francs, on obtient ...... $1^{f}\cdot89$.

En résumé, si l'on réserve un baliveau hêtre, il en résultera que, 25 ans plus tard, on réalisera un gain de.. $2^{f}\cdot76$

et deux pertes, à savoir, une perte d'intérêts de........................ $0^{f}\cdot14$ }
et, dans le rendement du taillis, une perte de........................ $1^{f}89$ } $2^{f}\cdot03$

Du gain défalquant la perte totale, on trouve que le baliveau hêtre donnera un bénéfice net de 2^{fr}·76 — 2^{fr}·03, soit de.................... 0^{fr}·73

Moderne. — Après avoir constaté qu'il y a profit à reculer d'une révolution de taillis l'exploitation des baliveaux de hêtre âgés de 25 ans, nous allons examiner s'il en serait de même pour les modernes de cette essence âgés de 50 ans.

A 50 ans, un hêtre ne vaut que 2^{fr}·86; mais, si on l'attend 25 ans, il atteindra, à 75 ans, une valeur de 9^{fr}·47. A l'expiration de ces 25 ans, on réalisera donc un gain de 9^{fr}·47 — 2^{fr}·86, soit de.................................... 6^{fr}·61

mais aussi une perte d'intérêts de 2^{fr}·86 × 1,363, soit de............ 3^{fr}·90

et dans le rendement du taillis, une perte à peu près égale au produit de 6 par le chiffre de l'accroissement que le moderne aura pris en devenant un ancien de 75 ans, c'est-à-dire de (1,02 — 0,33) × 6, soit de... 4^{fr}·14

} 8^{fr}·04.

Par suite, l'excédant de la perte totale sur le gain

sera de 8f·04 — 6f·61, soit de .... 1f·43. Telle sera la perte nette à attendre si l'on réserve un moderne hêtre.

Cette perte serait encore plus considérable si l'on pouvait, et on le peut ordinairement, élever des baliveaux au lieu de taillis à l'emplacement d'un hêtre moderne. En effet, le couvert d'un hêtre âgé de 75 ans étant de 41 mètres carrés, et seulement de 20 mètres carrés à 50 ans, on pourrait, sans modifier l'étendue que le couvert atteindra dans 25 ans, substituer à un moderne hêtre $\frac{41}{20}$ de baliveau de même essence. Alors, en sus de la plus-value que le taillis acquerrait en végétant librement, ces $\frac{41}{20}$ de baliveau hêtre donneraient, par baliveau, un boni de 73 centimes, soit en tout de 0f·73 × $\frac{41}{20}$, ou de..................... 1f·50. Ainsi, au cas actuel, si l'on gardait un moderne hêtre, la perte nette qui en résulterait serait grossie de 1f·50, et elle monterait donc de 1f·43 à.................................... 2f·93.

Qu'ici on puisse ou non remplacer un moderne hêtre, par des baliveaux, cela n'a pas d'influence sur l'exploitabilité de ce moderne, puisqu'en tout cas il y a perte, mais seulement plus ou moins grande, à ne le couper qu'après une nouvelle révolution de 25 ans. Plus loin, nous verrons que, pour les chênes modernes, cette question a une grande importance dans la forêt que nous étudions. Actuellement, si nous insistons sur ce qu'il faut tenir compte de la possibilité de remplacer un moderne par des baliveaux, ou plus généralement une réserve d'un certain âge par des réserves plus jeunes, c'est parce que ce point délicat de l'exploitabilité des futaies sur taillis semble avoir été inaperçu par l'aménagiste qui nous sert de guide, par M. Nanquette qui, supputant les pertes à éprouver si l'on réserve des arbres même anciens, ne mentionne à côté des intérêts perdus que le dommage causé au sous-bois.

Ancien. — Un hêtre de 75 ans, valant 9f·47, et, 25 ans plus tard, atteignant la valeur de 21f·47, donnerait alors à celui qui l'aurait réservé un gain de 21f·47 — 9f·47, soit de.............. 12f·

plus une perte d'intérêts de 9f·47 × 1,363,

soit de.............................. 12f·91,

et une perte provenant de l'emplacement occupé par cet ancien. Il est inutile de calculer ici cette dernière perte, pour mettre en évidence combien il serait préjudiciable de retarder de 25 ans l'exploitation d'un hêtre âgé de 75 ans, puisqu'à elle seule la perte des intérêts de sa valeur dépasserait la plus-value qu'il acquerrait en 25 ans.

Enfin ajoutons pour mémoire que si, en vieillissant d'une révolution, notre ancien avait au contraire présenté un bénéfice net, il faudrait encore, pour qu'il y eût profit à exploiter le hêtre à 100 ans, que, défalquant de ce dernier bénéfice net la perte nette essuyée 25 ans auparavant et grossie de ses intérêts, il restât un boni.

§ 3.

CHARME.

Baliveau. — Opérant comme pour les réserves de hêtre, on trouve qu'un baliveau de charme donnera, au bout de 25 ans, un gain de..... 0f·65

une perte d'intérêts de............ 0f·24 }
et dans le rendement du taillis, une } 0f·64.
perte de...................... 0f·40 }

L'excédant du gain sur la perte totale sera ainsi de.............................. 0f·01.

Moderne. — Attendue 25 ans, l'exploitation d'un charme moderne donnera un gain de....... 1f·64,

une perte d'intérêts de............ 1f.13 }
et dans le rendement du taillis une } 2f·03.
perte de...................... 0f·90 }

Alors l'excédant de la perte totale sur le gain sera de.............................. 0f·39.

Si l'on avait eu des baliveaux à réserver à la place de ce moderne, la perte nette serait encore plus considérable.

Ancien. — Il suffit de regarder la plus-value qu'un charme de 75 ans acquerrait en vivant encore 25 ans, pour reconnaître que cette plus-value ne compenserait pas seulement la perte d'intérêts provenant de ce retard d'exploitation, et qu'ainsi on perdrait beaucoup à réserver des charmes anciens.

§ 4.

CHÊNE.

Baliveau. — Un baliveau chêne donnera un gain de .... 1f·65

une perte d'intérêts de....	0f·34	1f·24.
et dans le rendement du taillis, une perte de......................	0f·90	

Ainsi l'excédant du gain sur la perte totale sera de.................................. 0f·41.

Moderne — Un moderne donnera un gain de.................................. 5f·12

une perte d'intérêts de...........	2f·59	4f·63.
et, dans le rendement du taillis, une perte de......................	2f·04	

L'excédant du gain sur la perte totale sera ainsi de.................................. 0f·49.

Mais si l'on avait pu à ce moderne chêne substituer des baliveaux, le résultat serait bien différent suivant l'essence de ces baliveaux. Si ce n'était que des charmes, ils pourraient, en sus de la plus-value qu'aurait acquise le taillis débarrassé du couvert, donner un boni de $\frac{0^{fr}\cdot 01 \times 24}{7}$, soit de .... $0^{fr}\cdot 03$.

Le bénéfice à recueillir, en réservant le moderne, serait alors réduit à................ $0^{fr}\cdot 46$.

Si ces baliveaux étaient des hêtres, ils pourraient, en sus de la plus-value du taillis supposé découvert, donner un boni de $\frac{0^{fr}\cdot 73 \times 24}{20}$, soit de .... $0^{fr}\cdot 88$.

Dans cette hypothèse, réserver un moderne, c'est se ménager non plus un bénéfice, mais une perte nette qui s'élèvera à............ $0^{fr}\cdot 39$

Enfin, si les baliveaux étaient des chênes, ils pourraient, en sus de la plus-value du taillis supposé libre, donner un boni de $\frac{0^{fr}\cdot 41 \times 24}{10}$, soit de........................ $0^{fr}\cdot 98$

et la perte nette à se préparer, en réservant

un moderne, s'élèvera à.................. 0,49.

Ancien de 75 ans. — Si la réserve d'un moderne donne du gain ou de la perte suivant les ressources que le taillis offre pour remplacer cet arbre lors du martelage, il n'en est pas de même d'un ancien de 75 ans qui, conservé encore pendant une nouvelle révolution, devra, à son issue, offrir toujours une perte qui montera, si l'on n'avait pas de baliveaux pour le remplacer, à 2f·96
si l'on disposait de baliveaux charmes, à... 3 01
si l'on disposait de baliveaux hêtres, à..... 4 15
si l'on disposait de baliveaux chênes, à..... 4 29
et si l'on disposait seulement de chênes modernes, à.......................... 3 62.

Ancien de 100 ans. — Réserver un ancien de cet âge, ce serait se préparer une perte plus considérable, si on voulait l'exploiter à 125 ans, et beaucoup plus considérable encore si on voulait l'exploiter seulement à 150 ans.

§ 5.

HAUSSE FUTURE DU PRIX DES BOIS.

L'accroissement de la population, la dépréciation monétaire et le défrichement amènent ordinairement dans le prix des produits forestiers une augmentation croissante avec le temps. Aussi, le plus souvent, faut-il tenir compte de cette hausse future, lorsqu'on veut reconnaître s'il y aura profit à reculer par exemple de 25 ans l'exploitation d'un arbre de futaie. A cet effet, de la hausse qui s'est produite dans le passé, et des circonstances qui entourent actuellement l'industrie forestière, on déduirait la hausse probable après une attente de 25 ans, puis on estimerait en conséquence la valeur future des arbres qu'on n'exploitera qu'après ce nombre d'années et le gain qui résultera de cette attente. Toutefois, il faudrait n'estimer que très-faiblement la hausse future du prix des bois, car le taux des placements en fonds de bois tient déjà un peu compte de l'augmentation de valeur que les bois pourront prendre à l'avenir.

Au cas particulier, nous avons, dans nos calculs, négligé cette hausse future, parce qu'elle semble devoir être nulle ou insignifiante, à cause de la situation exceptionnelle où se trouve ici le commerce des bois. L'industrie métallurgique, qui, il y a quelques années, consommait le cinquième de la production ligneuse des forêts françaises, achetait dans les forêts de notre localité plus du cinquième de leur production. Or, les forges et les hauts-fourneaux consomment actuellement moins de bois, mais plus de houille et de coke, et probablement, dans un avenir peu éloigné, ils ne brûleront plus guère que du combustible minéral. Pareillement la houille se substitue au combustible végétal dans tous les foyers industriels, et cherche à s'y substituer dans les foyers domestiques. Dès lors, moins employés, les bois de feu ne pourront prochainement augmenter de valeur. Le défrichement des forêts qui sont susceptibles d'être mises en valeur par l'agriculture, et la plus grande extension que l'éducation des bois d'œuvre prendra dans les autres forêts, paraissent ne pouvoir qu'empêcher la baisse des bois de chauffage. Quant aux bois d'œuvre, ils semblent appelés à mieux maintenir leurs prix, mais pourtant pas à recevoir une hausse importante dans un avenir prochain, parce que la fonte et le fer leur font concurrence; parce qu'on fera produire aux forêts plus de bois d'œuvre que par le passé; parce que l'État prévoyant convertit en futaie ses forêts, pour assurer à la France des ressources abondantes en bois de service et d'industrie; et qu'enfin les forêts étrangères, qui ne sont pas encore ruinées, continueront, pendant une période assez longue, de nous fournir un appoint considérable en bois de grandes dimensions.

CHAPITRE CINQUIÈME

Essences à réserver de préférence

Après avoir déterminé l'âge auquel les diverses essences réservées doivent être exploitées, il faut rechercher celles qui donneront le plus de profit lorsqu'on les élèvera ainsi en futaie et auxquelles par conséquent le balivage doit accorder la préférence. Pour résoudre cette question, nous allons supposer la réserve composée exclusivement soit de hêtre, soit de charme, soit de chêne.

Mais, dans cette hypothèse, pourrons-nous, pour limite du couvert de la futaie, admettre la moitié du parterre des coupes, comme lorsqu'il s'agissait d'une futaie mélangée. Évidemment, la situation est différente, néanmoins, dans la forêt d'Épiez, il nous semble que, pour chaque essence en particulier, nous pouvons adopter la même limite à l'égard du couvert, toutefois avec moins d'exactitude que pour le mélange des essences, mais pourtant sans erreur grave. Nous justifierons cette opinion en alléguant que si le chêne, bien qu'à couvert plus léger que le charme et surtout que le hêtre, ne nous semble pas pouvoir ici étendre son couvert plus que ces derniers, c'est d'abord parce que, à extension égale, une réserve en chêne devra restreindre les ressources pour le balivage de cette essence à peu près autant qu'une réserve en hêtre ou charme restreindra les ressources pour un balivage borné à ces deux dernières essences; ensuite parce que le chêne est beaucoup moins améliorant que le hêtre et peut-être même un peu moins que le charme; et qu'enfin, si le charme est moins améliorant que le hêtre, en revanche, à couvert égal, il nuit moins au taillis, parce qu'il donne à son houppier un moindre développement en hauteur.

Fixé sur la limite du couvert à assigner approximativement à la futaie de hêtre, de charme et de chêne, nous allons sans difficulté reconnaître laquelle de ces essences donne la futaie la plus avantageuse.

Si l'on ne réserve que du hêtre, son couvert à 50 ans étant de 20 mètres carrés, on pourra, à l'hectare, en conserver $\frac{5000}{20}$ baliveaux, c'est-à-dire 250, lesquels donneront, par baliveau, un boni de $0^{f}.73$, soit en tout de $0^{f}.73 \times 250$, ou de.................................. $182^{f}.50$.

Si l'on ne réserve que du charme, on pourra pareillement en garder par hectare, $\frac{5000}{7}$ baliveaux, soit 714 lesquels donneront un boni total de $0^{f}.01 \times 714$, ou de...................... $7^{f}.14$.

Si l'on ne réserve que des baliveaux chênes, on en marquera par hectare $\frac{5000}{10}$, soit 500 lesquels donneront un boni total de $0^{f}.41 \times 500$, c'est-à-dire de.................................. 205^{f}.

Si, à cause de l'insuffisance des baliveaux, il convenait de ne plus exploiter la futaie chêne à l'âge de 50 ans, mais de la réserver pour ne plus la couper qu'à 75 ans, on conserverait autant de modernes chênes que de baliveaux de cette essence. Or, un chêne ayant un couvert de 10 mètres carrés à 50 ans, et de 24 mètres carrés à 75 ans, $\frac{5000}{10+24}$ c'est-à-dire 147 serait alors le nombre des baliveaux et aussi des modernes à réserver par hectare pour former la futaie uniquement en chêne. Par suite le boni à espérer serait,

pour les 147 baliveaux, $0^{fr}\cdot41 \times 147$, c'est-à-dire	$60^{fr}\cdot27$	$127^{fr}\cdot89$
et pour les 147 modernes, si l'on n'avait que des baliveaux charmes pour les remplacer, $0^{fr}\cdot46 \times 147$, c'est-à-dire	$67^{fr}\cdot62$	

En résumé, classant les réserves d'après le bénéfice qu'elles procurent, nous mettrons au premier rang les baliveaux chênes, au second les baliveaux hêtres, au troisième les modernes chênes en cas d'insuffisance des baliveaux chênes et hêtres, et au quatrième les baliveaux charmes.

CHAPITRE SIXIÈME

Conditions qu'un plan de balivage doit concilier avec l'éducation des réserves les plus avantageuses eu égard à leur âge et à leur essence

---

§ 1er.

RÉENSEMENCEMENT NATUREL.

Si, par les produits ligneux qu'elle livre à l'exploitation, la futaie peut être avantageuse sur le taillis, en revanche, elle paraît lui être indispensable pour y produire des graines et les disséminer, de manière à créer des brins nouveaux et à contribuer ainsi au remplacement des souches qui périssent. Or, pour assurer cette régénération du taillis, on est souvent forcé de donner place dans la réserve à des arbres qui, en raison de leur âge ou de leur essence, donneront peu ou point de profit lorsqu'on les coupera. Ainsi, bien que, pendant la troisième révolution à parcourir une fois modernes, le hêtre donnera de la perte toujours, et le chêne, éventuellement; néanmoins, comme ce n'est que parvenus à cet état d'adultes qu'ils produisent assez abondamment le gland et la faîne nécessaires au réensemencement, ils doivent avoir dans la réserve quelques représentants modernes. Pareillement, le charme, essence si précieuse dans le taillis, à cause de sa prompte croissance sous ce régime et de la puissante longévité de ses souches, demande à ne pas être exclu de la futaie où il ne végète que lentement; mais, fécond dès sa jeunesse, il n'exige de vivre que deux révolutions et d'être réservé comme baliveau, pour nous donner des semences abondantes.

§ 2.

MÉLANGE DU PEUPLEMENT.

Mélangés sagement, les peuplements forestiers sont plus productifs qu'à l'état pur. A cet égard, dans une brochure intitulée *Utilité des assolements forestiers,* nous avons déjà exposé d'assez longues considérations. Nous ne les reproduirons pas ici. Nous nous contenterons de dire que le mélange du chêne au hêtre et au charme doit être favorisé, non pas parce que ces arbres enfoncent à des profondeurs différentes leurs racines, car ils sont ici contraints de leur faire occuper toute la hauteur de la terre végétale profonde seulement de 40 centimètres; mais parce que, ayant un régime alimentaire non identique, ils se nuiront moins entre eux; parce que, sujets à des maladies différentes, ils ne pourront se les communiquer; parce que le chêne, à couvert léger et à nature peu améliorante, profitera de la fraicheur et de la fertilité développées par ses voisins; et parce qu'après la mort d'une souche, l'emplacement de celle-ci pourra souvent être occupée par une souche d'une autre essence qui y trouvera des conditions plus favorables à sa végétation. Pour associer ainsi le chêne au hêtre et au charme, il faut de ces essences faire des réserves qui, par elles-mêmes et surtout par leur génération à venir, assureront au peuplement les bienfaits du mélange.

CHAPITRE SEPTIÈME

Etablissement du plan de balivage

§ 1er.

RESSOURCES QUE LE TAILLIS OFFRE AU BALIVAGE.

Avant que de régler le balivage d'une forêt, il faut en étudier le peuplement et la végétation, pour déterminer le nombre des baliveaux de chaque essence que l'on pourra y trouver lors des martelages. Reconnaissance ainsi faite de la forêt d'Épiez, nous y avons constaté que l'hectare de taillis exploitable présente, en sujets propres à faire des baliveaux, 40 chênes, 100 hêtres, et des charmes en nombre bien supérieur aux besoins du balivage.

§ 2.

NOMBRE DES RÉSERVES QUI N'ATTEINDRONT PAS LEUR EXPLOITABILITÉ.

En outre, il faut tenir compte des accidents et des maladies qui, frappant les baliveaux, les font périr avant l'âge de 50 ans, où obligent de les exploiter à cet âge sans qu'on puisse leur faire parcourir une troisième révolution. Nous avons estimé à un dixième le nombre des baliveaux qui succomberont sans sortir de la phase vitale où ils sont entrés, et à une égale fraction le nombre des baliveaux chênes maladifs ne pouvant prospérer jusqu'à l'âge de 75 ans et qu'il faudra couper dès l'âge de 50.

Si jusqu'à présent nous n'avions point parlé de ce déchet dans la réserve, c'était pour simplifier l'exposé de la théorie. Mais cette omission n'infirme en rien les conséquences auxquelles nous sommes arrivé, car les arbres de déchet ne sont par perdus, ils sont utilisés et obtiennent ordinairement une valeur en rapport avec l'âge qu'ils atteignent.

§ 3.

PLAN DE BALIVAGE POUR UN HECTARE.

Première révolution. — On réservera les 40 baliveaux chênes dont seulement 36 arriveront à l'âge de 50 ans et alors projetteront un couvert de.................................. $360^{m.q.}$,

et les 100 baliveaux hêtres dont seulement 90 atteindront l'âge de 50 ans et donneront alors un couvert de.......... $1800^{m.q.}$

Afin d'assurer au taillis un réensemencement et par suite un mélange convenables, on gardera comme porte-graines quelques modernes hêtres, environ une dizaine qui, 25 ans plus tard, étendront leur couvert sur...................... $410^{m.q.}$

Total..... $2570^{m.q.}$

On conservera tous les modernes chênes bien venants, et, par des baliveaux charmes, on complètera le couvert qui embrassera 5000 mètres carrés à la veille de l'exploitation.

Deuxième révolution. — A l'issue de la première révolution, on aura 36 chênes de 50 ans, 32 seront réservés et donneront, au bout de 25 ans, un couvert de.............................. 768$^{m.q.}$

Se renouvelant comme au début de la première révolution, la réserve en hêtres de 2 âges et en baliveaux chênes étendra son couvert sur.................... 2570$^{m.q.}$

Total....... 3338$^{m.q.}$

On complètera la futaie en réservant des baliveaux charmes au nombre de $\frac{5000-3338}{7}$, soit de 227 qui, augmenté d'un neuvième pour tenir compte des chablis, montera à 263.

Tel sera le balivage normal qui pourra s'étendre aux révolutions suivantes.

§ 4.

OBSERVATION.

Le plan de balivage que nous venons d'exposer n'est approprié qu'au peuplement général de la forêt d'Épiez, mais non aux différences qu'y présentent les divers cantons, ni aux nuances qu'y offrent les taches d'un même canton. Dès lors n'étant et ne pouvant être en harmonie avec ces différences et toutes ces nuances de peuplement, notre plan de balivage invariable leur est inapplicable et semble inutile. Le même sort étant réservé à tout autre plan de balivage, la création d'un tel plan semblera n'être qu'un jeu agréable pour l'esprit et une illusion stérile pour la pratique. Mais cette conclusion serait erronée, car, de ce qu'un plan de balivage ne saurait être approprié à toute une forêt, il résulte seulement qu'il faut en préparer plusieurs pour cette même forêt, de manière à pouvoir à chaque instant choisir entre eux celui à appliquer aux circonstances qui se révèlent. D'ailleurs, il suffira d'avoir présents à l'esprit les principes qui doivent présider au balivage dans notre forêt, pour être à même de combiner immédiatement un plan de balivage en rapport avec la coupe que l'on marquera. C'est ainsi qu'on ne sera jamais pris au dépourvu, jamais embarrassé ; tandis que celui qui marque une coupe, sans être muni d'un plan de balivage préalable, travaille en aveugle, et, d'ailleurs, le sait si bien, que le plus souvent il se restreint au rôle stupide d'enregistrer les opérations que font devant lui des gardes particuliers guidés par l'ignorance et la paresse.

CHAPITRE HUITIÈME

Améliorations

On a vu que les baliveaux de hêtre et surtout de chêne sont si rares ici que, pour compléter la futaie, on est obligé de réserver tous les chênes modernes bien venants et des baliveaux charmes en nombre énorme et bien supérieur aux besoins du réensemencement et du mélange. Afin d'assurer des ressources suffisantes au balivage, il faut donc chercher à multiplier le chêne et le hêtre. A cet effet, lorsqu'ils donneront de la semence et aussitôt après sa dissémination, on fera parcourir les jeunes taillis par des hommes qui, munis de pioches, enfouiront çà et là le gland et la faîne, et ainsi les mettront à l'abri de la gelée leur plus redoutable ennemie dans la localité. Les semis qu'on obtiendra seront ultérieurement protégés par de légers nettoiements.

Parfois, il faudra recourir à la plantation du chêne, mais cette opération sera plus onéreuse. Pour calculer le résultat à obtenir lorsqu'on met en terre un plant de chêne sur le parterre d'une coupe après l'exploitation, on observera qu'ici ce plant aura une trop chétive croissance pour donner un baliveau au bout de 25 ans, qu'à cette époque il faudra le recéper, et qu'ainsi ce ne sera qu'après une attente de 50 ans qu'on aura un baliveau chêne. Ce ne sera donc que dans 75 ans qu'on obtiendra un chêne de 50 ans, exploitable, et qui, en sus de la valeur des charmes qu'on aurait pu réserver, donnera une plus-value de $0^{f}\cdot 41 - \frac{0^{f}.01 \times 10}{7}$, soit de $0^{f}\cdot 396$. Admettant que, par les rejets de souche ou les brins de semence, ce chêne se perpétue, et, tous les 50 ans, reproduise cette plus-value de $0^{f}\cdot 396$, on calculera en conséquence la valeur actuelle du gain à espérer d'un plant de chêne et l'on trouvera qu'elle est de $0^{f}\cdot 038$. Si l'on ne plantait que peu de chênes et que leur exploitabilité dût être fixée à 75 ans, afin de réduire seulement le nombre des baliveaux charmes, on trouverait pareillement que la valeur actuelle du gain à recueillir d'un plant de chêne s'élèverait à $0^{\text{f}}\cdot048$. Défalquant de ces valeurs actuelles le prix du plant mis en terre et réussi, on reconnaîtrait le bénéfice net que donnerait la plantation.

FIN.

TABLE DES MATIÈRES

CHAPITRE CINQUIÈME.

CHAPITRE SIXIÈME.

CHAPITRE SEPTIÈME.

CHAPITRE HUITIÈME

www.ingramcontent.com/pod-product-compliance
Ingram Content Group UK Ltd.
Pitfield, Milton Keynes, MK11 3LW, UK
UKHW021004180726
13838UKWH00003B/1445